U0338911

消防安全要知道丛书

火场逃生要知道

侯延勇　著

青海人民出版社

·西宁·

图书在版编目（ＣＩＰ）数据

火场逃生要知道 / 侯延勇著 . -- 西宁：青海人民
出版社，2024.8
（消防安全要知道丛书）
ISBN 978-7-225-06731-5

Ⅰ . ①火… Ⅱ . ①侯… Ⅲ . ①火灾－自救互救 Ⅳ .
① X928.7

中国国家版本馆 CIP 数据核字（2024）第 096426 号

消防安全要知道丛书

火场逃生要知道

侯延勇　著

出 版 人	樊原成	
出版发行	青海人民出版社有限责任公司	
	西宁市五四西路 71 号　邮政编码：810023　电话：（0971）6143426（总编室）	
发行热线	（0971）6143516/6137730	
网　　址	http://www.qhrmcbs.com	
印　　刷	西安五星印刷有限公司	
经　　销	新华书店	
开　　本	890mm×1240mm　1/32	
印　　张	3.25	
字　　数	49 千	
版　　次	2024 年 8 月第 1 版　2024 年 8 月第 1 次印刷	
书　　号	ISBN 978-7-225-06731-5	
定　　价	22.00 元	

目　录

第一章　生命至上　安全第一　　　　　　　　　　001

第二章　制定应急疏散预案并组织演练是消防工作的重点内容
　　　　之一　　　　　　　　　　　　　　　　008

第三章　火场逃生的原则　　　　　　　　　　　011

第四章　火场逃生的基本要领　　　　　　　　　015

第五章　火场逃生常见的误区　　　　　　　　　018

第六章　火场逃生要六防　　　　　　　　　　　022

第七章　火场逃生二十一要诀　　　　　　　　　034
　一、逃生技能　减小伤害　　　　　　　　　　036
　二、发现火情　立即报警　　　　　　　　　　037
　三、扑灭小火　惠及他人　　　　　　　　　　039

四、事先预演　临危不乱　041

五、消防通道　生命通道　043

六、判断火势　果断撤离　046

七、沉着应对　决不放弃　048

八、熟悉环境　出口易找　050

九、疏散标志　明辨方向　051

十、防护用品　沿着墙壁　053

十一、不入电梯　改走楼道　055

十二、保护呼吸　匍匐弯腰　057

十三、楼道封阻　天台避险　059

十四、发出信号　寻求援助　061

十五、顾全大局　互助协调　063

十六、速离险地　不贪不吵　065

十七、身上着火　切勿惊跑　067

十八、被困室内　固守求援　069

十九、缓降逃生　滑绳自救　072

二十、跳楼有术　缓冲防护　074

二十一、逆风而行　脱离险境　076

第八章　校园火灾逃生要点　077

第九章　交通工具发生火灾怎样逃生　080

一、乘坐公交车时发生火灾的逃生　080

二、汽车在高速公路隧道里发生火灾的逃生　083

三、乘坐客运列车和地铁时发生火灾的逃生　088

第十章　森林草原火场逃生　　　　　　　　　　　**089**

一、遭遇森林草原火灾怎么办?　　　　　　　091

二、森林草原火灾逃生方法　　　　　　　　　093

三、被大火围困怎么办?　　　　　　　　　　094

四、顺风而逃不可取　　　　　　　　　　　　096

第一章　生命至上　安全第一

请记住以下三条：

第一条：应急疏散通道严禁阻挡和上锁。

第二条：应急疏散通道是火场逃生之路。

第三条：疏散逃生是火灾处置中的重要内容，直接关系到人的生命安全。

案例一：千万不要以为逃生的时间很多，短短200多秒就造成12人遇难23人受伤

2010年8月28日，某商业广场售楼处一楼的展示模型因电器线路接触不良引起火灾。

由于售楼处大厅内放置大量宣传用展板和条幅等易燃物品，致使火灾迅速蔓延，有毒烟气短时间将建筑两侧敞开式楼梯间封死。火势沿建筑幕墙与楼板之间的缝隙涌入二层南侧室内，二楼人员无法下到一楼逃生，最终造成12人遇难、23人受伤。

通过回放现场视频监控看一下这200多秒都发生了什么：

14时48分38秒，洽谈区一男子突然起身，似乎察觉到火灾异样情况发生。

14时49分43秒，在距离男子发现火情60多秒后，一名保安也发现了火情，并招呼人过去灭火。

围观的人越来越多。但是没有人注意到大厅中存有灭火器，更无人采取有效措施进行初期灭火。

14时50分21秒，这是在发现火情107秒后，一楼大厅突然断电。展示厅内火势越来越大，这时人们才意识到

事情的严重性，想要逃离大厅。

而此时，烟气已越来越大。由于着火物质为模型，加上周边为宣传物料，燃烧产生的烟气中夹杂着大量的有毒气体。

14时50分40秒，二楼有人得知失火消息后，并没有第一时间组织疏散人群，而是惊慌地来回走动。

14时51分31秒，烟气已将整个大厅包围。一部分人通过出口逃出大厅，但仍有一部分人留在原地观望火势。

14时51分35秒，浓烟已经蹿到二楼，并迅速蔓延开来。终于有人通知二楼的人们起火了，人们开始逃生。但烟已将楼梯封住，被困的人们只好折返回来躲避到房间中。

不到30秒，烟气已经充满了二楼走廊，能见度极低。躲进屋内的人终因吸入过多烟气而死。

短短三分半的时间，200多秒，原本一个小小的展示模型火灾，却造成了12死32伤的悲剧。

案例二：火灾被困在防盗网上活活烧死

2016年4月14日，某市一住宅楼5楼发生火灾，屋主被熊熊燃烧的烈火逼到防盗网上。封闭的防盗网阻断了逃生之路。

案例三：房门被反锁，困在火中无法逃生

2022 年 6 月 23 日 2 时许，某小区发生火灾，一住户家燃起熊熊大火。

起火原因是楼道口一电瓶车充电引燃。一名 17 岁女孩由于门被反锁没能逃出，还有一老人返回家中拿银行卡也没有逃出来。

（一）沉着冷静　记住三条

1. 小火初起时要及时灭火。

2. 火大时拨打 119 火警电话报警求助。

3. 逃生自救。

一旦火灾发生，不能因为惊慌而忘记报警，要立即按下警铃和拨打报警电话。

请记住火警电话是 119，报警越早、越快、越清楚，越能尽快获得救援，因火灾造成的人员伤亡和财产损失就会越小。

案例一：起火 1 小时，都快烧没了才报警

2023 年 6 月 19 日 10 时 29 分，某市一农场果园内的杂物房发生火灾，起火位置处于大片果林之中，距离主路约 200 米，消防车无法到达，救援人员只能拿上消防器材徒步前往处置，约 20 分钟后火灾被扑灭。

据称，报警人早上 9 点左右发现火势燃烧，认为杂物房没什么重要的东西，他就把现场电路切断，又用自己的小汽车把路口封死防止有人靠近，结果发现火越烧越大，还发现了一个煤气罐，最后才报警。

案例二：一住宅楼起火，12 名居民被紧急疏散

2023 年 11 月 22 日，某小区一住宅楼 4 楼阳台起火，消防救援人员立即分组行动，灭火组使用水枪进行火势压制，救援组沿楼层通过敲门、大声询问的方式搜寻楼内居民，10 分钟后大火被扑灭，成功疏散出楼内 12 名居民，无人员伤亡。

案例三：门面房凌晨起火，邻居及时报警

2023 年 8 月 17 日凌晨 4 时 02 分许，某省一广场临街

的一栋三层楼一楼的门面房起火并发出爆炸声，几十秒钟后，有邻居发现火情立即呼喊报警，同时打电话给停在附近的车主通知移车，现场的邻居自发地利用灭火器进行灭火自救。4 时 12 分，消防车到达火场。

由于燃烧在楼梯间形成了烟囱效应，起火楼道一至三楼悉数被毁，门面房正前方一辆小车被引燃报废。

据事后总结，这种规模的火灾没有出现人员伤亡，主要还是因为及时报警并展开自救，为街坊的逃生疏散和消防灭火救援赢得了时间。

案例四：居民家凌晨反复起火，邻居报警

2023 年 5 月 22 日，某市一住在 6 层的居民家中反复起火，第一次发生在凌晨 3 点，第二次在凌晨 5 点。当时屋内无人居住，所幸邻居及时拨打了 119 火警电话，救援人员将火扑灭。据了解，起火原因疑似线路短路。

（二）火灾致害最主要的因素之一是浓烟

火灾中，特别是在相对封闭的环境中，最危险的致害原因除了高温的伤害以外，还有更厉害的隐形杀手——浓烟。燃烧产生的浓烟中含有大量的一氧化碳等有毒有害气体，只要不慎吸入一口，就会造成头晕等情况，严重影响人的行动和判断能力。

在火灾中丧生的人，很多都是因为吸入过多的有毒烟气窒息而死。

第二章　制定应急疏散预案并组织演练是消防工作的重点内容之一

身处火灾之中，常常会使人产生恐慌情绪。这种恐慌情绪造成的危害远远大于灾害本身。其直接后果就是人们惊慌失措、争相逃命、拥挤踩踏，极易造成群死群伤事件。

（一）公众聚集场所、人员密集场所要制定应急疏散预案，并对消防设施、防火门和消防通道等加强管理

1.公众聚集场所，是指宾馆、饭店、商场、集贸市场、

客运车站候车室、客运码头候船厅、民用机场航站楼、体育场馆、会堂以及公共娱乐场所等。

2.人员密集场所，是指医院的门诊楼、病房楼，学校的教学楼、图书馆、食堂和集体宿舍，养老院、福利院、托儿所、幼儿园、公共图书馆的阅览室、公共展览馆、博物馆的展示厅，劳动密集型企业的生产加工车间和员工集体宿舍，旅游、宗教活动场所等。

3.紧急情况下的应急疏散预案应当明确紧急疏散时的指挥、灭火、信息收集和通报、疏散引导，以及检查救援等职责，并加强演练。

4.加强管理，确保安全通道和安全出口畅通无阻。

防火门能够有效阻隔火灾中形成的火焰和烟雾进入安全通道，平常处于常闭状态，严禁上锁

（二）火灾中应酌情通报情况，防止混乱

人员聚集场所发生火灾，往往伴随有烟雾、异臭、停电、嘈杂等状况，以及接近起火点人员的尖叫等。为避免恐慌情绪蔓延，现场管理人员应沉稳冷静、迅速简洁地向公众通报火势情况，稳定情绪，确保有序疏散。

（三）应急疏散应秩序井然，妥善处置

1. 疏散负责人要注意清点人数。

2. 互相帮助，特别注意保护妇女、儿童等体质较弱人员。

3. 向火灾的上风方向安全区域进行疏散（迎风跑）。

第三章　火场逃生的原则

火场逃生是指在发生火灾时，火灾威胁范围内的所有人员及时撤离到达安全地点的过程。

在疏散逃生过程中，应遵循以下原则：

1.生命第一

火灾中，人的生命是最重要的。

2.防护重要

利用防护用品遮掩口鼻，避免吸入有毒有害气体，尽量披裹防火物品，避免烈焰烧灼和高温物体烫伤。

3.方向关键

冷静思维，背向着火点，沿着地面、墙壁以及悬挂的应急疏散标志的指示，向着紧急出口的方向撤离。

4.克服胆怯

当火灾发生在自己所处的楼层之上时，应迅速向楼下撤离。当火灾发生在自己所处的楼层之下，且只有这一条逃生通道时，应趁火势不大、在做好防护的前提下，尽量冲过封锁撤离至地面安全区域。如果火势强大已经封锁通道，应迅速撤至避难间或房间，做好防护向外界求援。

5.逆风背火

在火势蔓延之前，朝着逆风方向快速撤离。

6.阻隔烟火

在撤离过程中，应注意随手关闭所有经过的防火门，最大限度地阻止和延缓烟雾进入逃生疏散通道。

案例一：火灾中，女子及时报警、正确应对

某公寓突发大火，一家中只有妻子一人在家，被火焰和浓烟困在家中无法逃出。她迅速关闭并封好来火方向的门和窗户缝隙，打开背火方向的窗户，用湿毛巾捂住口鼻，蹲在地上拨打火警电话，告知自己所在位置和处境。在窗口处等待救援人员到来。她的镇静、正确的应对方式，把自己在火灾中所受到的伤害降到了最低，最终成功获救。

这个案例告诉我们：火灾中，万一被困无法安全撤离，正确的方法应该是保持冷静，迅速报警，讲清楚自己所在的位置和被火围困无法突围的处境，以及自己困守的具体位置。要选择安全或相对安全的地方躲避等待，并尽最大可能做好防火和防烟措施。等待救援的时候坚持用湿毛巾遮住口鼻，以免烟雾吸入呼吸道，保持体力。在救援到达时，有效地发出求救信号，以便救援人员准确施救。

案例二：母女被困火场，空调工人救人

2023 年 11 月 10 日 11 时 35 分许，某市一村民公寓发生火灾，一名年轻的妈妈和宝宝被困在火场窗户的防盗网处无法逃生，现场火势迅猛，浓烟弥漫。

危急时刻，3 名空调维修工人迅速攀爬到了离妈妈和宝宝最近的窗户上展开营救，经过努力，成功将母子救出。

案例三：九旬老人炒菜失火，退休邻居救火受伤

2023 年 10 月 25 日 11 点半左右，某市 92 岁的老阿婆和她的保姆在炒菜时，不慎引燃了液化气燃气瓶的阀门，老阿婆立即跑到屋外呼救。

住在相邻的退休女工听到呼救后，立刻跑向火场用湿毛巾尝试关闭燃气阀门。但在这个过程中，由于保姆不慎绊倒了燃气瓶，火势迅速蔓延至周围的易燃物上，火势已无法控制，她被困在了只有半米宽的小天井平台上，邻居们听到呼喊，迅速搭起梯子将她救出。

消防人员接警迅速赶到现场，火势很快被扑灭。

第四章　火场逃生的基本要领

记住：发生火灾时，一定要沿着疏散楼梯进行逃生，严禁乘坐电梯。

小火快跑、浓烟关门。楼房起火，切勿慌乱逃生，谨记科学自救。

1.常备火灾逃生"四件宝"：灭火器、应急逃生绳、防烟面具、手电筒。

2. 离开房间前，先用手背接触门锁试探温度，确认门外无火方可开门。离开房间要随手关闭房门，将火焰和浓烟控制在一定的空间内。

3. 火势蔓延时，应用湿毛巾或衣服遮掩口鼻、放低身体姿势、浅呼吸，背向烟火方向快速、有序地向安全出口撤离。尽量避免大声呼喊，防止有毒烟雾进入呼吸道。

4. 高层着火时，要尽量往下面跑。可以使用湿棉被等物作掩护迅速冲出去。逃生时应靠墙行走，不要拥挤。

5. 暂时无法逃避时，不要藏到顶楼或者壁橱等处，应尽量待在阳台、窗口等容易被发现的地方。

6. 在消防队员准备好救生气垫或楼层不高的情况下方可跳楼。跳楼时应对准救生气垫的中间位置跳下。

7. 下榻宾馆、酒店人员，应按照应急疏散标识的方向或事先了解的安全出口方位，向安全门或紧急出口撤离。

8. 被烟气窒息失去自救能力，应努力滚向墙边或者门口。因为消防人员入室救援，都是沿墙壁摸索行进的。

案例一：舞厅超员，恐慌无序，损失严重

2008 年 9 月 20 日，某市一街道舞王俱乐部，因为演员在舞台上表演不慎引燃了周围的可燃物发生火灾，造成 43 人死亡，88 人受伤，直接经济损失 1589.76 万元。

火灾发生时，舞厅内聚集人员超过 500 人，足足超员 100 多人，由于人群恐慌拥堵、逃生无序、踩踏不断，仅有几十个人从消防通道逃出。

案例二：大火封锁出口，退避固守待援

2022 年 2 月 4 日凌晨 2 时许，某村一楼房起火，着火建筑为一栋 8 层住宅楼的第 5 层，3 人被困在家中急需救援。

当他们发现着火时，火势已经迅猛发展，整个客厅已经完全过火，家中的入户门也被大火封锁，于是便快速退回房间内，关上房门后用湿毛巾堵住门缝，并全部撤至窗边进行呼救，等待消防救援人员到场救援。

最终 3 人获救。

第五章　火场逃生常见的误区

误区一：惊慌失措，盲目喊叫。

恐慌情绪极易传染，导致拥挤踩踏伤害，高温烟气极易造成呼吸道烧伤。

误区二：冲动无知，冒险跳楼。

冒险跳楼的后果往往是更加严重的伤害。

误区三：冒险从高处往低处逃生。

火灾中，高层建筑的人们都是希望尽快逃到一层，跑出室外。有时，这种做法可能导致自投火海。因此，在发生火灾时，要冷静判断，如果火势太大无法及时逃离，可选择登上房顶或在房间内采取有效的防烟、防火措施后有效求援。

误区四：盲目向光亮处逃生。

有时，火场中最亮的地方恰恰是火势最猛的地方。

误区五：盲目跟着别人逃生。

面临火灾威胁时，容易因惊慌失措失去正常的思维判断能力。常见的盲目追随行为有跳窗、跳楼，逃(躲)进壁橱、角落等。克服盲目追随的方法是平时要多了解和掌握消防自救与逃生知识，避免事到临头没有主见。

逃生方法很重要

面临危险选择逃生是所有动物的本能，掌握正确的逃生常识是成功的关键

案例一：误把光亮当出口，住院女子逃生反陷火中

某医院突发火灾，在医院病房住院的一名女子下床后，独自一人朝着一散发烟雾火光的通道跑去，在距离通道不远处被大火吞噬。

案例二：发现起火盲目开门，浓烟涌入5人死亡

2019年10月1日，某镇一居民楼发生了一起死亡5人的火灾事故。

起火原因是一楼停放的一辆电动摩托车电气线路发生短路故障引发火灾。

经调查，遇难的5人为同一户人家，系发生起火后盲目开门，有毒烟气瞬间大量涌入。由于通往天台的出口被人为上锁，无法往天台逃生，导致家中5人窒息死亡。

而居住在同一楼的其他11户居民选择固守待援，未造成任何人员伤亡。

案例三：被火围困天台，手抓护栏悬在空中避险，不幸坠亡

2019年10月9日上午10点30分许，某小区一居民

楼 9 楼天台起火，一名在天台施工的工人被火困住无处躲避，他只能双手抓住护栏，身体悬在楼外避火，坚持数分钟后男子不幸坠楼身亡。

第六章　火场逃生要六防

在火灾中，直接致人死亡的因素主要包括：高温、毒烟、毒气、爆炸、触电、高处坠落、落物砸伤等。

（一）防止高温伤害

火灾中，最直接的伤害因素就是高温。

火灾发生后，高温火焰、炽炭、灼热的金属物体、辐射热等更是直接作用于人的体表，导致人的机体受损。

在烧伤皮肤的同时，吸入体内的高温烟气会灼伤鼻腔、咽喉、器官等，引发伤者窒息从而导致死亡。

高层火灾中的烟囱效应

烟囱效应是指：在相对封闭的空间内，热空气具有沿着垂直坡度的空间上升的趋势，产生了烟囱的效果。

高层建筑的楼梯间就是消防应急疏散通道，常闭防火门就是为了阻止火灾产生的烟气进入消防应急疏散通道而设置的。

高层建筑发生火灾后，烟气通过电梯井、管道井、玻璃幕墙缝隙等部位竖向向上蔓延，就像一个巨大的烟囱，燃烧产生的所有烟气都会向着这个烟囱汇集、上升，在烟囱效应下，浓烟以极快速度笼罩整个空间。

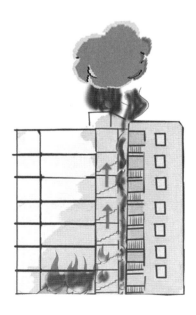

火灾中乘坐电梯逃生，就像是进入了烤箱和熏笼

火灾中常常会伴有断电的情况，此时的电梯就会停在这个烟囱中无法动弹，电梯会迅速被高温和浓烟包围。

（二）防止有毒烟雾的伤害

在火场中约 80% 的遇难者都是被烟熏死的，也就是说火场中真正的第一杀手是燃烧产生的浓烟。

"浓烟"为什么容易致死？

1. 高温致死

火场中，燃烧产生的浓烟温度可高达 700℃，人在这种高温环境下无法生存。

2. 缺氧致死

燃烧过程会消耗大量氧气，导致空气中的氧气浓度急剧下降。处于这种低氧环境中，人体会在短时间内出现呼吸障碍、意识丧失、肢体痉挛（如腿抽筋），迅速丧失基本的判断和活动能力，甚至窒息死亡。

3.毒性、刺激性的燃烧产物致死

火灾会产生一氧化碳、二氧化硫等具有毒性、刺激性的毒性气体，常用建筑材料燃烧时产生的烟雾中一氧化碳含量高达2.5%。可燃物质在燃烧时还会产生大量有毒的烟雾，如氮氧化物、甲醛、异氰酸盐、氟化物、氯化氢等刺激性气体。

有毒烟气会损伤人体神经系统，使人失去意识，丧失行动能力。燃烧产生的大量烟尘会堵塞呼吸系统导致窒息死亡。

4.蔓延迅速，降低逃生概率

大火未至，浓烟先至，尤其是高层建筑，火灾产生的高温烟气在浮力和烟囱效应的双重作用下，高热气体在相对密闭的空间内迅速积聚。

正确做法：用打湿的毛巾折双层遮掩口鼻，判别风向（户外），朝着空气新鲜的上风（顶风）方向迅速撤离。

案例一：

2023 年 9 月，某市一农村自建房发生火灾。火灾烧损 1 层砖混房屋，烧死一头即将下崽的母猪，造成一人死亡，死者系 50 岁男性。

经了解，火灾发生时，该男子三次进入火场抢救物品，终吸入过多烟气导致窒息死亡。

案例二：

2022 年 8 月，某区发生一起火灾事故，致一人经抢救无效死亡。

据悉，该人在救出儿子后，又返回屋内实施灭火，由于着火物燃烧蔓延速度快，产生大量有毒烟气，最终因吸入大量有毒烟气窒息死亡。

案例三：

2023 年 11 月 5 日凌晨 3 时 20 分，某镇胜利街发生房屋火灾。火灾扑灭后发现 4 名被困人员不幸身亡。死亡人员身上衣物被灼烧痕迹不明显，判断系因浓烟窒息死亡。

案例四：

某地火灾中，由于有人逃生时未随手关闭常闭防火门，致使燃烧产生的高温有毒烟雾迅速充满楼梯间，2名租户因吸入高温有毒烟雾而窒息倒在楼梯走道尽头。

（三）防止有毒有害气体伤害

事故中（特别是化工类）一旦造成有毒气体泄漏，就会以泄漏点为中心，迅速向四围蔓延扩散，或随风向下风方向扩散。

正确做法：在室外，躲避毒气伤害应向上风方向迎风撤离，尽可能朝着地面上的高处撤离。

尽量不要接触低凹处的水源。因为有毒有害气体多数易溶于水，特别是遇到大规模毒气漏泄情况如硫化氢等，硫化氢极易溶于水成为硫酸。

案例一：硫化氢失控蔓延，243人死亡

2003年12月23日晚21:57，某县高桥镇的一个石油管理局钻探公司承钻的油气田发生了一起特大井喷事故。

井喷产生的大量硫化氢失控蔓延，上千人中毒，243

人死亡，9.3 万人受灾，事故现场 5 公里范围内 4 个乡镇的 6.5 万人被迫疏散，直接经济损失 9262 万元，间接损失 2 亿多元。

这起事故是新中国成立以来当地死亡人数最多、危害最大的一次生产事故。

这起事故处理完成后，百姓们回到家乡，发现家中饲养的家禽以及牲畜已经全部死亡。

有些孩子的眼睛受硫化氢气体的伤害，视力受到了影响。

案例二：车辆充装危险化学品时泄漏，19 人住院治疗

2020 年 8 月 29 日，某省一公司在充装液氯槽罐车的过程中，液氯万向节发生泄漏，随即工作人员关闭进料气动阀和手动阀，并进行管道抽空。应急救援队进入现场进行雾状水洗消，事故现场得到控制。但事故仍导致 19 人住院治疗。

案例三：捡废品捡到毒气罐，5 村民中毒

2023 年 2 月 17 日，某省一村庄空地上，一人在搬运一个废旧铁罐时，大量淡绿色的气体突然快速喷出并迅速

扩散，持续的时间将近 30 秒，整个场地变成黄绿色，现场气味浓烈刺鼻。

经查，废旧铁罐罐体标注为氯气。

事件共造成 5 人中毒，其中 1 人住院治疗，其余 4 人留院观察。

案例四：有毒浓烟，造成 42 人死亡、2 人受伤

2022 年 11 月 21 日 16 时许，某市一商贸公司发生特别重大火灾事故。

着火原因是，该公司负责人在一层仓库内违规开展电焊作业，高温焊渣引燃包装纸箱，纸箱内的瓶装聚氨酯泡沫填缝剂受热爆炸起火，进而使大量黄油、自喷漆、除锈剂、卡式炉用瓶装丁烷和手套、橡胶品等物品相继快速燃烧蔓延，并产生大量高温有毒浓烟，造成 42 人死亡、2 人受伤，直接经济损失 12 311 万元。

案例五：毒烟造成密封塔内 7 人中毒窒息死亡

2022 年 3 月 14 日，某市一公司发生火灾事故。

着火原因是检、维修作业人员在烟道垂直段内部进行

热切割动火作业过程中，所产生的切割金属熔渣掉落引燃了升温箱和烟道内防护层，火灾烟气窜入脱硫塔内，造成正在塔内作业的 7 人全部中毒窒息死亡。

（四）防止爆炸伤害

火灾中的高温环境下能够发生爆炸的因素有很多，常见的有泄漏的燃气等有毒有害气体、承压储气罐（液化气钢瓶、氧气瓶等）、杀虫剂罐，违规存放的汽油、酒精，各种储能装置如电池（电动车电瓶、手机电池等），甚至突然涌入的空气也可能会使氧气急剧增加发生爆燃等。

有毒有害气体多数都是可燃的，一旦泄漏，会迅速充满所在空间并向周围蔓延，极易造成现场人员中毒窒息。如果此时遇到引火源，就会发生燃爆，所造成的危害往往不只是几个、十几个人的事情。掌握一定的防毒气危害常识很有必要。

当发现或听到、接到有毒有害气体泄漏的警报后，不要改变房间内各种电器开关的状态，不要在室内拨打电话。严禁触动各种电器开关并禁止使用明火照明。因为常用的电器开关都是非防爆的，开和关的动作都有可能产生火花从而成为引火源。

案例一：

2023 年 11 月 24 日 14 时 50 分，某村一木业工厂发生火灾爆炸事故。

起火爆炸原因是一废弃料桶残液起火爆燃。消防救援人员 15 时将火扑灭。事故过火面积约 20 平方米，未造成人员伤亡。

案例二：

2023 年 5 月 11 日，某新能源科技有限公司发生火灾，引发多次爆炸，震动周边建筑。火灾初步原因为五楼活化房聚合物锂电池热失控爆炸，所幸无人员伤亡。

案例三：

2022 年 5 月 17 日 8 时 54 分，某有限公司 10 万立方米调节池上方外包作业人员违规用氩弧焊对除臭设施风管漏点进行焊接施工时，因作业人员不了解作业的风管内充满易燃易爆的混合气体，在作业前没有遵守有关规程对需要作业的管道落实隔离、清洗、置换、监测的安全措施，发生燃爆。造成 3 人死亡、3 人受伤，相关装置损坏，直接经济损失约 1800 万元。

（五）防止触电伤害

现代人的工作和生活环境中存在大量的电气设备设施。一旦发生火灾又没有触发电路的自动保护措施，没有及时断电的情况下，电气设备和线路仍然带电。同时由于火灾的高温作用，造成电气电路变形脱离原来的安装位置和绝缘层破坏，人在混乱的逃生过程中万一触碰到带电体就会造成触电。

（六）防止落物砸伤

火灾的燃烧作用会破坏构建物的结构，导致变形或基础损坏造成坠落、坍塌、倾倒等。

案例：

2023 年 7 月 30 日 12 时 24 分，某区人民西路 111 号的一家服装加工作坊突发火灾，紧急求援。

消防救援人员迅速赶赴火灾现场进行处置。在救火过程中，两名消防员被火场坠落物砸伤。

受伤消防员随即被送往医院接受治疗。

第七章　火场逃生二十一要诀

　　火场逃生需要了解火灾燃烧发展的规律，只有避开火势的发展方向疏散才能成功逃生。

　　一般火灾的发展规律是：自下而上、顺风而疾、沿着可燃物扩散。

　　在竖向通道中，如楼道等，火势遵循烟囱效应从下向上发展。

　　在横向通道中，如封闭的车厢、楼层的廊道等，火势则会在空间的限制下，沿着着火点的两端发展。

　　在空旷的野外，火势主要会随着风向发展，同时也会沿着可燃物的分布范围扩散发展。

火场逃生二十一要诀

逃生技能　减小伤害；发现火情　立即报警

扑灭小火　惠及他人；事先预演　临危不乱

消防通道　生命通道；判断火势　果断撤离

沉着应对　决不放弃；熟悉环境　出口易找

疏散标志　明辨方向；防护用品　沿着墙壁

不入电梯　改走楼道；保护呼吸　匍匐弯腰

楼道封阻　天台避险；发出信号　寻求援助

顾全大局　互助协调；速离险地　不贪不吵

身上着火　切勿惊跑；被困室内　固守求援

缓降逃生　滑绳自救；跳楼有术　缓冲防护

逆风而行　脱离险境

一、逃生技能　减小伤害

大量血的教训证明，掌握火场逃生技能，能够最大限度地减轻火灾对人的伤害程度，有时甚至能够挽救生命。

案例一：员工缺乏逃生自救能力，找不到逃生通道

2013 年 6 月 3 日，某市一禽业有限公司主厂房发生特别重大火灾爆炸事故，共造成 121 人死亡、76 人受伤，直接经济损失 1.82 亿元。

造成重大人员伤亡的主要原因是，主厂房内逃生通道复杂，安全出口被锁闭，员工缺乏逃生自救互救知识和能力，找不到其他逃生出口，无法及时逃生。

案例二：产品及违建堵塞疏散通道，老弱员工缺乏逃生技能

2019 年 12 月 4 日，某市一烟花制造有限公司石下工区发生爆炸事故，造成 13 人死亡、13 人受伤。

事发时，工房成品半成品堵塞疏散逃生通道，周边违规搭建的建筑物妨碍员工逃生，大部分员工年龄过大、动作较迟缓，缺乏逃生技能。

二、发现火情 立即报警

发现火情要第一时间拨打 119 火警电话报警。

案例一：6 名学生发现火情立即报警，整栋楼无一人伤亡

2019 年 9 月 19 日，某市 6 名学生放学后在小区内的运动场打网球，其中 2 人发现 27 单元楼冒出了滚滚黑烟，大火正沿着外墙从一楼向二楼蔓延。6 名学生在尝试用水灭火无果后，其中一人拨打了 119 火警电话报警，并在确保安全的前提下挨家挨户地敲门，提醒居民撤离。

案例二：及时拨打 119 火警电话，听从指导，冷静获救

2021 年 4 月 1 日凌晨，某市一民房起火，房屋周围出现大量浓烟，一女孩被困室内拨打 119 火警电话求助。接警员接通电话后冷静安抚被困女孩的情绪，并指导女孩远离烟气，确保自身安全，双方保持通话 7 分多钟，直到消防员进入失火楼房，将女孩成功救出。

案例三：接受电话指导，正确处置油锅起火

2021 年 1 月 17 日，某市一名 12 岁女孩独自在家做饭，油锅不慎起火，慌乱中女孩拨打 119 火警电话报警。消防员在电话里一边安抚女孩，一边教她盖锅盖灭火，并迅速撤离到户外。消防员赶到时，发现厨房明火已被女孩熄灭。

三、扑灭小火　惠及他人

室内着火时，不能随便开启门窗，防止新鲜空气大量涌入，造成火势迅速发展蔓延，甚至发生爆燃。

一般火灾初起时火势并不大，尚不能对人构成威胁。此时应争分夺秒扑灭"初起火灾"，千万不要惊慌失措，置小火于不顾以致酿成大灾。

案例一：扑灭小火，帮助同事，及时撤离

刘某在公司上班时，突遇公司地下室发生火灾，浓烟弥漫，呼吸困难。

他立即按照公司的火灾应急预案的方法，收拾好桌面上的重要文件，拿上灭火器和呼吸器撤离。在前往紧急疏散通道的过程中，与同事一起用灭火器扑灭了燃烧的垃圾堆。在等待消防人员救援的过程中，他还帮助其他同事使用呼吸器，并警惕关注着火灾的情况。消防队员赶到后，成功将火灾扑灭，确保了所有人的生命安全。

案例二：四楼起火房内人员均逃生，五楼住户3死2伤

2022年7月8日，某市一小区一处四楼发生火灾。因没能及时扑灭小火，同时，在逃生过程中未将入户门关闭，致使燃烧产生的大量高温有毒烟气迅速灌满了楼梯间，同时也让着火点客厅窗户与楼梯间形成空气对流导致燃烧加快，大火和浓烟涌出大门，封锁了唯一的疏散楼梯。尽管四楼起火房间内的4人均逃生成功，但楼上五楼住户均因过量吸入一氧化碳中毒，造成3人死亡、2人受伤。

当时，五楼户主夫妇在事发当晚因有事不在家中，在火灾中丧生的分别是其15岁的长子、10岁的次子、7岁的外甥，受伤的两人是他们59岁的母亲和24岁的侄女。

四、事先预演 临危不乱

对自己所处的环境和逃生路径了然于胸，熟悉建筑物内的消防设施及自救逃生的方法，火灾发生时就不会手足无措了。

复杂环境和人员较多的场所应当编制火灾应急预案，制定火灾应急疏散路线图并定期组织演练。

XXX火灾应急疏散路线图

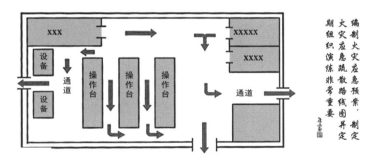

案例一：事先演练有预案，应急处置不慌乱

2018 年 11 月 10 日，某市某小区居民楼架空层起火，附近居民在物业引导下，按照应急疏散演练的步骤快速疏散，共疏散了 180 人。小区消防站迅速行动，使用消火栓压制火势，火势很快被控制住，没有造成人员伤亡。

案例二：选择逃生路线错误，7死8重伤

2023年4月25日，某市一食品厂发生火灾。起火工厂为4层楼建筑的2楼厨房。火灾导致22名员工被困，其中7人死亡、8人重伤、7人轻伤。

火灾发生时，员工们认为低温环境相对安全，因此第一时间躲进了4楼的冷藏库。但由于冷藏库只是使用塑胶布帘跟其他工作区隔开，无法阻止浓烟进入。因此，虽然火势不大，但由于浓烟弥漫、逃生路线错误等原因，导致伤亡扩大。

案例三：从众效应，错误的逃生方式

2023年12月11日，某市一高层住宅楼的17层发生火灾，其楼上住户集体乘坐电梯下楼。当时，电梯内挤满了住户，有人举起手机拍摄，还有人怀抱婴孩。

尽管着火点是在"四户两梯"的另一边，这些人也已经安全下楼，但该行为仍有很大危险性，不应模仿。毕竟火灾中，大楼随时会断电造成电梯停运，乘坐电梯者会被困在电梯中，同时，"烟囱效应"依然会有浓烟进入这个电梯井。

五、消防通道　生命通道

消防通道不仅是发生火灾事故时消防救援队伍的出入通道，也是火灾事故中现场人员的撤离疏散通道，堵塞消防通道是违法行为。

楼梯、通道、安全出口等是火灾发生时最重要的逃生之路，应保证畅通无阻，切不可堆放杂物或设闸上锁。

切记：生命通道，严禁封堵！

案例一：擅自改建占用疏散出口，火灾发生时人员无法及时逃生

2022 年 1 月 23 日，某市一餐饮服务有限公司发生火灾，

造成 5 人死亡，过火面积约 300 平方米，直接经济损失约 641.6 万元。

由于相关责任人擅自在施工改建中占用疏散出口，导致员工不熟悉逃生路线，且装修中火灾发生时人员无法及时安全疏散。

案例二：选择逃生通道错误，6 死 1 重伤

2022 年 9 月 16 日，某地突发火灾，7 人没有按规定走消防应急疏散通道撤离，而是错误地选择乘坐电梯逃生。结果由于火灾造成断电，电梯停止运行，7 人被困电梯中。燃烧产生的烟囱效应使电梯井中高温浓烟弥漫，电梯中 7 人，6 人被活活烧熏致死，1 人被严重烧伤，直接经济损失 1400 万元。

案例三：两女孩"被困防盗窗"，消防车受阻，救援失败

2021 年 12 月 19 日早晨，某地一居民楼发生火灾，一对姐妹被困在房子内无法出来。

两姐妹中，姐姐在上学，摔跤骨折了，刚做完手术在

家里休养，妹妹才 5 岁。她们的母亲在市区上班，爸爸是网约车司机，平时孩子由奶奶和姑妈照看。起火的时候，家里的奶奶去买菜了，据称是厨房里炖着骨头汤，很可能是从厨房烧起来的。

起火后，姐妹俩曾在窗口大声哭着呼救，使劲地摇动防盗窗，但是铁制的防盗窗根本无法打开。为了救人，两个年轻男子找来棉被，浇上水，披在身上冲上楼，但是不一会就下来了，火势太大，上百度高温根本无法靠近，而且里面全是浓烟，看不清方向，救援失败了。

大家想办法的时候火焰直接从姐妹俩呼救的窗口蹿出来，两个孩子没有了声音。

消防车赶到时已经晚了，因为路口停了很多车，消防车根本没有办法开到起火房屋楼下。

十多名消防员直接下车往现场跑，从 7 点钟起火到被扑灭，火烧了一个多小时，房子基本上毁掉了，这是二十多年的老房子，没有安装消防栓。最终两名困在屋内的女孩命丧火海。

六、判断火势　果断撤离

火势不大时，要当机立断披上浸湿的衣服或裹上湿毛毯、湿被褥等坚决地冲出去。

注意：不要穿塑料雨衣等易燃可燃化工制品。

高楼着火，火焰向上蔓延的速度远远快于向下的速度。因此，不论起火点在哪儿，都应沿着消防通道迅速往楼下跑。

下楼逃生时，如果实在体力不支，应尽量在休息平台转角靠左侧坐下，这样既可以避免下楼逃生人员的踩踏，也能尽早被消防救援人员发现。因为消防救援人员一般会从你下楼方向的左侧（实际是消防人员的右侧）路线摸索向上实施救援。

案例一：楼下火灾，独自在家的 8 岁女孩从 10 楼逃生

2023 年 1 月 5 日下午 1 时许，家住 10 楼，独自在家写作业的 8 岁二年级女孩，突然听见有人大喊"着火了，着火了！"开门一看，外面烟雾弥漫，好几个邻居都在下楼逃生。

确认着火后，女孩先到卫生间，抓起毛巾用水打湿，然后用湿毛巾捂紧口鼻往外冲。路过客厅时，她顺手拿了电话手表，别的什么都没带。

女孩记得老师在消防安全课上说过，发生火灾时不应该乘坐电梯。在确认楼道可以通行后，一口气从 10 楼冲下来，到楼下安全了，才使用电话手表给爸妈打了电话。

这次火灾发生在 6 楼走廊。

案例二：孩子冷静不慌乱，拨打 119 报警电话后，及时撤离

2020 年 4 月 14 日，某市一居民家中电磁炉起火冒烟，此时家中只有 8 岁的姐姐和 6 岁的弟弟，二人拨打 119 报警电话后立即逃生。消防员赶到现场时，火已被赶回的大人及时扑灭，无人受伤。

七、沉着应对　决不放弃

"只有绝望的人，没有绝望的处境。"面对滚滚浓烟和熊熊烈焰，只要冷静机智运用火场自救知识与逃生要诀，就有可能求得生存。

案例一：被困大火中数小时奇迹获救

2023 年 7 月 1 日，某市一栋五层仓库发生火灾，现场黑烟翻腾、烈火上蹿，着火的建筑内被困人员不断呼救。一组消防人员利用水枪一直重点压制被困人员附近的大火保护被困人员。经过数小时奋战，火灾被扑灭，被困人员获救。

案例二：一家三口被困火海，正确防护，最终获救

2023 年 10 月 7 日凌晨，某地一房屋起火，一家三口被困。消防人员接警赶赴现场救援途中，先行电话指导被困人员自救，让他们用衣物或被褥堵住门缝，接着打开窗户，尽量靠近通风口。消防人员赶到现场后，迅速确定被困人员位置，在用水枪掩护下成功施救。因被困者前期自救方法得当，母女均无受伤，孩子父亲被高温

烧伤，后无大碍。

案例三：病房内三位老人靠湿毛巾捂住口鼻，坚持到
获救

2023 年 4 月 18 日，某市一医院发生火灾，造成 29 人
死亡，71 人受伤，可见这起火灾的规模有多大。

当时，8 楼的一间病房内有三位老人，分别是 63 岁、
因糖尿病被手术截掉五个脚趾的病人和另一位病人及其老
伴，那老俩口都是 70 岁。

从听到有人喊着火到浓烟弥漫的时间非常短，三位老
人根本无法逃生。于是他们立即关紧了病房门并一起用湿
毛巾捂住口鼻固守待援，坚持了差不多四十多分钟，消防
救援人员进入病房，三位老人最终获救。

案例四：两小娃空调外机避火焰，成功获救

2023 年 7 月 21 日，某市一居民楼三层突然起火，一
男孩凭着自己日常所学消防知识，沉着冷静自救，抱起妹
妹逃至窗外空调外机躲避火焰和浓烟，在消防员及群众帮
助下成功获救。

八、熟悉环境　出口易找

当进入陌生环境，如入住酒店、商场购物、进入娱乐场所时，为了自身安全，请务必留心疏散通道、安全出口及楼梯方位等，以便关键时刻能尽快脱离险境。

案例一：15 层外墙逃生，力竭坠楼身亡

2019 年 5 月 26 日，某市一小区居民楼 16 层因燃气泄漏发生爆炸引发火灾。一名逃生者沿着外墙从起火的 16 楼爬到 15 楼逃生，坚持了近十分钟，最后没拽住，重重砸在楼下一辆轿车车顶上。

案例二：防盗窗封堵逃生道，女孩被困险丧生

2019 年 10 月 30 日，某市一栋住宅楼 4 楼发生火灾，一名十几岁的女孩被困在窗户的防盗网上无法脱身，而她的母亲只能从旁边的阳台朝女儿拼命泼水。就在火舌快要烧到女孩后背的时候，消防车赶到。

九、疏散标志　明辨方向

火场当中，烟的蔓延路线首先是上升，到建筑楼层的顶部后沿周围墙面下降至地面。一般来说，烟把整个空间充满需要一定时间，利用这个时间可以成功逃生。

迅速判断危险地点和安全出口。在逃生过程中要尽量压低身姿，保持镇静，远离易燃易爆物品，迅速脱离险地。

切忌慌乱冲撞，尽量向低楼层跑。

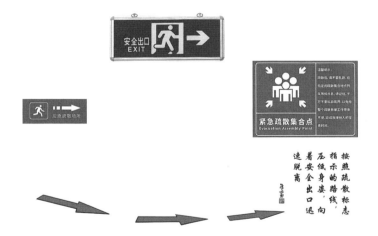

按照疏散标志
指示的路线，向
压低身姿，向
着安全出口迅
速脱离

案例：关键时刻，防盗网预留的逃生窗口成了逃生路

2023 年 7 月 20 日凌晨，某县南环路一栋居民楼发生

火灾，2人被困在三楼的内室无法逃出。危急时刻，2人
从防盗网上预留的逃生窗口成功逃出脱险。

十、防护用品　沿着墙壁

家中、公司、宾馆酒店等应在房间备有过滤式呼吸器、手电筒等简易消防安全用品。

逃生时可以采取佩戴过滤式呼吸器、用水浇身等防护手段，迅速逃离火场。

沿着墙壁逃生，一是在能见度较低的情况下有所扶持、不易跌倒和迷失方向，二是消防救援人员进入现场也是沿着墙壁搜索，可以更快地获得救援。

宾馆酒店等应在客房备有过滤式呼吸器、手电筒等简易消防安全用品

案例一：正确防护，成功逃生

2021 年 7 月 13 日，某市一居民楼起火，一名 10 岁女孩独自在二楼家中看书，闻到浓烟味后，立即用水打湿棉被裹在身上下楼逃生。

消防员赶到时，女孩已顺利逃出火场。

案例二：防护不当的惨痛案例

2022 年 1 月 19 日，某市一栋临街的居民楼突发火灾，冒出滚滚浓烟，两位居民试图通过翻窗逃生，不慎从楼上坠下，当场遇难。

案例三：防护不当的惨痛案例

2023 年 3 月 14 日，某市一居民楼发生火灾，两名租户分别从二楼 202 房、206 房向一楼盲目逃生，由于吸入高温有毒烟气，窒息倒在一楼走道尽头，不幸身亡。

十一、不入电梯　改走楼道

火灾逃生时，首选消防通道。

在高层火灾中，电梯的供电系统随时会断电或因为高温造成电梯变形，导致乘客被困。

另外，普通电梯一般不能防烟隔热。同时，由于电梯井会产生烟囱效应，有毒有害烟雾会沿着电梯井向上蔓延，直接威胁被困在电梯内人员的生命安全。因此，火灾中千万不能乘坐普通电梯逃生。

消防电梯是供消防队员灭火救援使用的。一旦消防人员启用消防专用按钮，该电梯各楼层的按钮都将同时失效。

因此，火灾时严禁乘坐普通客运电梯逃生！

高层建筑火灾逃生时，首选的是消防逃生通道

案例一：火灾中，电梯随时会因意外断电而停运

2023年5月7日，某小区1号楼发生火灾，火灾中，消防电梯供电电缆被烧断，正在乘坐电梯的2人被困在电梯内无法逃生，终因在烟气蔓延进入电梯轿厢内后吸入一氧化碳等有毒气体中毒死亡。

案例二：救火时需要切断起火区域的电源

2020年5月15日，某小区一栋高层建筑发生火灾。现场多位住户慌乱之下选择乘坐电梯逃生，却因起火后停电导致电梯停运而被困，万幸当地消防救援部门及时赶到，成功营救出6名被困人员。

案例三：俄罗斯人民友谊大学发生火灾中，几名中国留学生因乘坐电梯逃生而丧失生命

2003年11月24日凌晨，位于莫斯科城区西南部的俄罗斯人民友谊大学6号学生宿舍楼发生火灾，造成41名外国留学生死亡，近200人受伤。其中中国留学生有46人烧伤，11人死亡。

需要特别说明的是，有几名中国留学生就是在火灾发生时乘坐电梯下楼逃生，结果被困在电梯内活活呛死。

十二、保护呼吸　匍匐弯腰

火灾中对人威胁最大的危险是有毒烟雾，火灾死亡者80% 是由于吸入毒烟造成的。因此，火场逃生时防止或减少烟气的吸入非常重要。

可采用将毛巾、口罩打湿后掩口蒙鼻，防止因吸入烟雾导致中毒、窒息。

浸湿地毯等包裹身体，压低身姿贴近地面或匍匐撤离是躲避高温和避免烟气吸入的较好办法。（烟会随着热空气聚集在房间上部，而室内下部烟的浓度和温度会相对较低。）

穿过烟火封锁区时，可向头部、身上浇些冷水或用湿毛巾、湿棉被、湿毯子等将头部、身体裹好，再行冲过。

案例一：施救得当，89 名人员成功从火场逃生

2022 年 11 月 21 日，某省一地发生火灾，接到报警后，消防救援力量迅速抵达现场，按照"救人第一、科学施救"的原则，立即架设拉梯开辟外部救生通道，设置水枪阵地，利用高喷车、水炮等压制火势，组织人员疏散，89 名人员

先后从火场成功逃生。

据统计，这场火灾，本地和周边县市等消防部门累计出动 63 辆消防车、240 名指战员参与救人灭火。至 22 日 10 时，经过 18 个小时的不间断作战，火灾现场全部处置完毕。

案例二：火灾中的浓烟是第一杀手

2019 年 11 月 29 日 22 时 05 分，某市一公司家属楼七楼一居民家中发生火灾，1 人跳楼经抢救无效死亡，3 人窒息死亡。

十三、楼道封阻 天台避险

当火灾发生在楼上，应向楼下撤离。

当火灾发生在楼下且火势不大时，要尽量往楼下面跑。

若通道被烟火封阻，则应选择背向烟火方向，逃往天台避险待援。（按：消防规定，天台门不允许上锁）

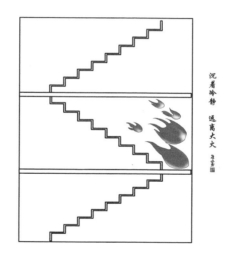

案例一：一家七口躲天台避火，最终获救

2020年3月21日夜，某省汕头市一居民自建房的一层发生火灾，正在二楼睡觉的一家七口人判断火势，在确定无法通过一楼逃生时，全家迅速转移至二楼天台等待救援。最终火被消防员扑灭，未造成人员伤亡。

案例二：直通屋顶露台门上锁，火灾 6 人丧生

2023 年 7 月 6 日 0 时 20 分，某社区一居民家五层自建楼房发生火灾。

该建筑的一、二层为家具零售店，三、四、五层为人员居住区域。但堆放有大量家具、海绵、布料的家具零售店与楼上人员居住区无有效防火分隔，楼梯间设置在建筑中部，上下联通，无排烟设施。

起火后烟气迅速沿内部楼梯间向上蔓延，形成的"夺命烟囱"封锁了向下疏散逃生通道，楼梯间直通屋顶露台的门上锁，堵死了天台避险的路。

火灾发生在凌晨，被困人员不能及时发现火情，没有充足的逃生时间。

救援人员到达火场后，火势已从一楼蔓延至二楼，整个楼道充满烟气。

现场搜救发现四楼有 3 名遇难者位于走道与楼梯间连通处，五楼有 3 名遇难者位于门敞开的卧室内，尸检报告显示都是因吸入毒烟致死。

十四、发出信号 寻求援助

若逃生路线均被大火封锁，可向阳台或向架设云梯车的窗口移动，并用打手电筒、挥舞衣物、呼叫等方式发送求救信号，等待救援。

案例一：两小孩沉着应对，正确呼救，成功脱险

2018 年 6 月 2 日，某市一居民家中因空调短路发生火灾，现场 11 岁和个 13 岁两兄弟被困在内。

当哥哥发现被大火困在屋中无法及时脱离火场后，立即把家中电闸关掉，随后拿来湿毛巾，带着弟弟冲到阳台等待救援。

哥哥指导弟弟用湿毛巾捂住口鼻，待看到手电光照过来时立即站起呼救。消防人员成功将他们从四楼解救出来。

事后兄弟俩表示，这些逃生自救知识都是从学校学到的。

案例二：楼房起火被困，119 接警员线上指导被困 3 人避险，成功自救

2023 年 11 月 29 日 0 时 40 分，某县一小区 6 楼一住户家中发生火灾，屋内一家三口被困。

接警后，消防人员立即前往救援，同时，接警员不间断对报警人实施线上避险自救指导。

起火建筑为 7 层钢混结构房屋，着火层为 6 层，此时火势呈猛烈燃烧阶段，1 名被困人员在窗口大声呼救。

消防人员成功将 3 名被困人员救出（2 名成人，1 名男孩），3 人意识清醒，无明显外伤，随后移交给医护人员前往医院做进一步检查。

十五、顾全大局　互助协调

逃生时，避免扎堆、拥挤、相互践踏，避免乱跑乱窜、大喊大叫，尽量做到自救与互救相结合。当被困人员较多时，积极主动帮助老、弱、病、残、妇女、儿童等，遵循依次逃离的原则，有秩序地进行疏散。

案例一：夫妻俩牵绳翻窗自救

2023年5月30日晚上11时许，某市一小区某居民楼三楼突发火灾，火苗飘出窗外数米高，现场可听到爆燃声。一夫妻被困火灾现场，最后两人通过牵绳翻窗成功逃生，热心群众合力营救将其救下，两人均无大碍。

案例二：凌晨大火，父子用绳索从窗户成功逃生

2017年2月12日凌晨3时许，位于某州一铁路桥附近的一间民房起火，现场浓烟滚滚火光冲天。一对被困在楼上卧室的父子沉着冷静，当过兵的父亲选择了首先从窗户用绳子将儿子送到楼下安全地带，然后自己也沿着绳子攀爬而下，成功逃生。

案例三：居民协力拉被子接住两个孩子

2021 年 4 月 24 日，某县一居民楼三楼突发严重火灾，一位女子和她的两个幼儿被大火困在家中，只能通过窗口向外呼救。

楼下群众协力拉起被子，接住了两个孩子，女子在跳落时不幸摔到头部。

十六、速离险地　不贪不吵

火场中，人的生命是最重要的。身处险境应尽快撤离，不要因为害羞或顾及贵重物品而把宝贵的逃生时间浪费在穿衣或找寻贵重物品上。

已经撤离的人员切勿重返险地。

案例一：火场疏散中，3 人返回收拾财物，错失逃生时机

2021 年 4 月 6 日，某市一商场顶层平台发生火灾事故，造成 4 人死亡、2 人受伤，直接经济损失 558.44 万元。

员工消防安全意识淡薄，初起火灾处置不力，人员疏散不及时，另外，有人在疏散过程中返回火场收拾财物，错失逃生时机丧生。

案例二：火起时，因抢救货物而影响初起火灾的处置

2020 年 6 月 17 日，某县一小区临街门面一物流配送门店发生火灾，造成 7 人死亡，直接经济损失为 993.8 万元。

员工的防火、逃生自救意识比较差。火灾发生初期，

工作人员未在第一时间采取有效措施灭火，而是去抢救货物。在起火至浓烟封堵门店的近 10 分钟时间内，二层的被困人员没有及时从安全出口疏散逃生，也没有选择从二层东面未设置防盗窗的窗口逃生，延误了初起火灾扑救和疏散逃生最佳时机。

令人惋惜的是，火灾初起火势较小时，二楼的员工李某立即通知 4 名员工撤离，但 4 人均以工作繁忙为由拒绝下楼。

十七、身上着火　切勿惊跑

如果身上着火，千万不要惊慌奔跑，因为奔跑会加速身上的燃烧，同时会延误灭火时间。

应赶紧设法脱掉衣服或就地打滚，压灭火苗。能及时跳进水中或让人向身上浇水就更有效了。

注意：切勿直接踩踏着火人员，这样并不会扑灭火焰，还有可能造成二次伤害。

案例一：

2023 年 3 月 26 日上午，某区一烤鱼店门口发生了令人揪心的一幕。

一名男子身上着火，试图通过拍打、躺倒在地翻滚等方式熄灭火苗，危急时刻，周边群众拿来水管和灭火器帮助男子扑灭身上火苗。

案例二：

2021 年 8 月 6 日，一女子在门口给火具添加酒精，一大人带着孩子在面前围观，不料下一秒突然爆出火苗，家长和孩子瞬间被引燃，全身着火，母亲及时将孩子提起拉走，孩子被多处烧伤。

案例三：

2020 年 3 月 24 日下午 1 点 37 分，某市一辆起火的小轿车一头扎进了加油站，撞倒加油机后，车上跑出一个"火人"。

他整个上半身都在燃烧，他一边向外跑一边脱掉自己的外衣想要灭火自救，但火势在他的奔跑下反而越来越大，最终导致身上被严重烧伤，头部和背部尤为严重。

十八、被困室内　固守求援

假如已经感觉房门烫手，此时应关紧迎火面门窗，用湿毛巾、湿布塞堵门缝或用水浸湿棉被蒙上门窗，然后不停用水淋洒房门，防止烟火渗入，固守房内避险。同时，打开背火的门窗发出求援信息，直到救援人员到达。

要充分利用楼内各种消防设施，如防烟楼梯间、封闭楼梯间、连通式阳台、避难层（间）等。千万不可滞留走廊、普通楼梯间等烟火极易波及而又没有消防保护设施的地方。

注意：避险不等于脱险。

案例一：小孩拨打119报警清晰准确，接受电话指导防护安全

2020年12月20日，某省一居民楼发生火灾并伴有大量浓烟，此时一住户家中只有12岁的姐姐和8岁的妹妹，大火已经堵住大门无法逃离。

姐姐及时拨打119报警，在电话中，姐姐对火势情况及所处地理位置描述非常清晰，并在接警员的引导下和妹

妹躲进卫生间，做好个人防护等待救援。接到报警后，消防人员迅速到达现场处置，2 名小女孩成功获救。

案例二：大火围困，冒险逃生

某省天鹅饭店火灾事故，总共造成 10 人死亡，其中有 9 人是坠楼死亡。某省闹市区的阳光购物城发生火灾，4 人从四楼上跳下身亡。某省一住宅楼发生火灾，居民无奈跳楼逃生，造成 10 人死亡。

六楼以下被困，尽量等待铺设安全救生气垫

在被困在六层以下的高层，当救援力量无法进入楼内施救，必须采取高层跳楼自救时，通常会在楼下铺设一个安全救生气垫。这时，被困者需要做的最重要事情就是"等"，等待救生气垫的铺设完成。

抓住窗台栏杆或从屋内牵出的绳子，尽量压低姿势，让身体靠近地面。同时，跳下时要尽量对准救生气垫上的落点标志，并要注意惯性作用，保护好头部等身体关键部位。

十九、缓降逃生　滑绳自救

高层建筑发生火灾，可利用身边的绳索或床单、窗帘、衣服等自制简易救生绳，并且用水将其打湿，从窗台或阳台沿救生绳缓降到下面楼层或地面，安全逃生。

案例一：火场内外齐协作，床单结绳救幼儿

2021 年 9 月 4 日下午 1 时许，某市莲湖区梨园路某小区 6 楼一住户突发火灾，屋里浓烟滚滚，一男子和其 4 岁的儿子被困家中。

发现被困在屋内无法从正门撤离后，男子立即用床单结起绳子，从阳台窗口把幼儿放下，在消防员和现场热心居民的共同努力下，成功救出男孩。随后男子也用同样方法脱困。

案例二：浓烟中，丈夫床单结绳救出孕妻

2015 年 5 月 5 日，某市一居民区内发生一起因电动车充电引发的火灾。因事发时浓烟已经封锁了逃生通道，26 岁的刘某为救怀孕 3 个多月的妻子，用身边的床单结成逃生绳，将妻子从窗口安全地送到楼下。随后刘某及时跳楼逃生。

　　刘某受伤送医，其怀孕的妻子毫发未损。

二十、跳楼有术　缓冲防护

高楼着火不要轻易选择跳楼的方式逃生。一般在二、三楼跳楼还有生还的希望，在四楼以上跳楼就非常危险了。

选择跳楼逃生时应尽量往救生气垫中部或选择有水池、软雨篷、草地等方向跳。抱一些松软物品也可以减少着地时的冲击力。着地前双手抱紧头部、身体弯曲成一团可以减小伤害。

跳楼虽然可能求生，但也会对身体造成伤害，不到万不得已一定要慎用。

案例一：老人火灾中跳楼逃生，其余四口丧生

2023 年 11 月 5 日凌晨 3:20，某县一民宅发生火灾。

据报道：事发楼里除住有一家 4 人外，还有老母亲住在房子二楼。火灾发生时，老人从二楼跳到一楼的遮阳伞上经缓冲侥幸逃生，而儿子、儿媳及两个孙女均经抢救无效不幸死亡。

案例二：凌晨大火，妈妈跳楼，俩女孩被困身亡

2019 年 7 月 22 日，某小区一栋六层住宅发生火灾。妈妈陈某某跳楼受伤，后被送医院救治无效死亡。其 11 岁女儿和另一名也是 11 岁亲戚的女儿被大火围困死亡。

如果地面没有有效的接应措施，高层火灾跳楼逃生的方式一定要慎重选择。

案例三：火灾中，两女子借助绳索和被子成功脱困

某日上午十点左右，一商铺突发火灾，两女子被困无法撤出。危急时刻，两人利用绳索和被子，成功翻窗而出，安全地落在了平台上逃生。

二十一、逆风而行　脱离险境

空旷环境下，燃烧发展的主要趋势一是随着风势的方向，二是沿着可燃物的分布方向。所以在野外遭遇森林草原火灾时，应当尽量选择逆风或侧逆风的方向，选择可燃物相对稀少因而火势较弱的方向果断撤离。

第八章　校园火灾逃生要点

　　学校、幼儿园要加强消防安全管理，消除火灾隐患。同时努力提高教师和学生的消防安全意识，掌握必要的自救逃生技能，在关键时刻保护好自己！

　　一旦发生校园火灾，可采取如下方法进行自我防护逃生：

（一）湿毛巾呼吸防护法

1.由于火场烟气具有温度高、毒性大的特点，人吸入后极易导致呼吸系统烫伤或神经中枢中毒，因此在疏散过程中，应用湿毛巾或手帕捂住鼻和嘴。

2.沿着平常演练的应急疏散路线，迅速有序地撤离到上风安全处躲避烟火的侵害。

注意不要顺风（也是烟火方向）疏散。

在烟雾中一定要尽量压低身姿或匍匐前进。

（二）遮盖护身突围法

如果火势迅猛，可采取将浸湿的棉大衣、棉被、毛毯、麻袋等遮盖在身上，确定逃生路线后，以最快的速度直接冲出火场，到达安全地点。

注意保护呼吸道，防止吸入一氧化碳中毒。注意奔跑安全，防止跌落等意外伤害。

（三）固守待援法

如果发现走廊或对门、隔壁的火势比较大，无法突围疏散时，应尽量退入一个房间内，用毛巾、毛毯、棉被封堵透烟的门窗缝隙，并不断往门上浇水进行冷却，防止外部火焰及烟气侵入，同时到背火的窗口呼唤救援。

（四）多层楼着火逃生法

如果火灾发生时被困于较高楼层时，不要盲目跳楼，有条件的可将绳子、床单等连接起来，稳妥地系在门、窗或暖气管道等牢固位置，缓降逃生至安全位置或安全楼层。注意：应确保绳子、床单有足够的长度。

也可根据现场情况退守安全房间固守待援。火势逼迫时可采用堵缝防烟和淋水冷却门窗的方式加强防护。

被困时，有效发出求救信息非常关键。

第九章　交通工具发生火灾怎样逃生

一、乘坐公交车时发生火灾的逃生

公共汽车发生火灾，往往会因为乘客较多，恐慌情绪快速蔓延，拥挤踩踏等造成疏散困难。

1. 乘客切记不要盲目拥挤、乱冲乱撞，尖声惊叫。

2. 尽量压低身姿，护住口鼻，躲避浓烟的伤害。

3. 听从司乘人员的指挥，沿车门有序疏散，脱离险境。

4.如果火焰不大但封住了车门，乘客可用衣物蒙住头部，从车门冲下。

5.公交车气动车门可以采用泄压后手动打开的方法逃生，也可以利用车窗旁边悬挂的逃生锤等坚硬物品破窗逃生。如果车辆侧翻，可以打开车顶的通风窗逃生。

6.如果有人衣服被火烧着，应当迅速脱下衣服将火扑灭。如果来不及脱下衣服，可采取就地打滚的方法将火滚灭。如果发现他人身上衣服着火时，可以脱下自己的衣服或其他布物，将他人身上的火焰扑灭。

注意：身上着火，切忌乱跑。

7.除非情况特别危险，一般不提倡从行驶的车辆上跳车。

8.离开着火车辆后，尽可能向上风方向疏散，同时注意避开车道，防止被过往车辆伤害。

公交火灾三大逃生出口要知道：

1 . 车门

从车门下车是最快的逃生途径。若车门附近有火，可用衣服包头冲出去。

车门无法打开时，可使用车辆应急车门开关。这种开关有些是在司机座位旁，有些在车门顶部，开关多是扳手状。可切断气路后，手动扳开车门逃生。

2 . 车窗

用安全锤锤尖，猛击车窗玻璃的角即可击碎车窗玻璃打开逃生通道。另外，紧急时，可用硬物如高跟鞋跟、钥匙等击碎车窗玻璃。

注意：部分车辆最后一排或司机附近配有可推拉玻璃窗，可拉开玻璃窗逃生。

3 . 车顶

公交车车顶有两个紧急逃生出口。逃生窗上有按钮，旋转后往外推就能打开。

二、汽车在高速公路隧道里发生火灾的逃生

1.尽量将车辆停在紧急停车带，切断电源，迅速组织乘员撤离事故车辆，同时报警，并在车后150米处放置警示标志。

2.如果火势尚小，应迅速使用车载灭火器或隧道内的灭火器和水带救火，首先扑灭油箱所在部位的火焰，防止油箱爆炸。

3.如果火势很大，应迅速向上风方向撤离。

4.撤离人员要避免占用快车道，防止过往车辆的伤害，注意按照隧道内的指示标识，选最近的出口脱离危险区域。

案例一：1971年法国克洛次隧道火灾

1971年3月，法国一列货物列车与一列油罐列车在进入克洛次隧道北口附近时相撞，油罐列车爆炸起火，货物列车司机和副司机死亡。救援的消防人员迅速赶到现场，在油罐列车副司机的紧密配合下，果断地将即将燃着的部分油罐列车与着火部分分离，拉出隧道，防止了事故蔓延

扩大，该副司机得到法国国营铁路部门的表彰。着火的油罐一直燃烧了一昼夜，致使部分隧道倒塌，经整修 96 天后才通车。

案例二：1972 年日本北陆隧道火灾

1972 年 11 月 6 日凌晨 1 时 30 分，日本 50 次旅客快车在北陆干线上以每小时 60 公里的速度运行，行至敦贺—今庄车站之间的北陆隧道（全长 13.8 公里）内时，第 11 车厢的餐车起火，列车乘务人员奋力补救，车长拉紧急制动阀，同时用无线电话向电力机车司机报告这一情况。司机立即采取紧急措施，使列车停在距北陆隧道敦贺方向入口处约 5.3 公里的隧道内。随后迅速将前后车厢与着火餐车分离，相距 60 米，并及时切断电源。在事故现场又成立防止事故对策指挥部，积极组织抢救。在警察、消防自卫队、医院各方面支援、配合下，救出大部分旅客和值乘人员，并将火扑灭。直至 22 点 45 分全线恢复通车。这次事故造成人员伤亡惨重，全列车有旅客和值乘人员 782 人，其中 30 人死亡、714 人受伤；着火区的吸烟室、乘务员室、餐厅、厨房设备、地板全部烧毁，车辆地板下面的机器、蓄电池箱也被烧坏，其他设备均有轻度烧损、变形。事故后，经过深入细致的调查，根据福井地方法院调查判决，确定是餐车吸烟室座椅下的电采暖接线不良，造成漏电所致。

案例三：1979 年日本烧津隧道火灾

1979 年 7 月 11 日傍晚，日本静冈至烧津间 2050 米长的隧道下行线内，在距烧津出口侧 400 米处，因两辆卡车及随后的车相互碰撞引起火灾，死亡 7 人、伤 1 人，烧毁汽车 174 辆。这场大火后，整整用了两个月进行整修，其整修时的土建和设备工程费，共用了 34 亿日元，隧道停止通行两个月，又减少收入 33 亿日元。这起火灾发生在距出口侧 400 米处，即距入口 1520 多米，在这段距离内存在大量后续车，火灾时烟气浓重，蔓延速度快，后续车难以及时退车疏散。故大火发生后，有 30 辆车退出隧道，16 辆车由交通管理队引导疏散，174 辆被烧毁。这场大火一直烧到 7 月 20 日 10 时 30 分，烧了将近 10 天时间，消防队才确认已全部把火扑灭。

案例四：1987 年中国陇海线十里山隧道火灾

1987 年 8 月 23 日 7 时 34 分，由兰州站发出的 1818 次货物列车在陇海线兰州东—桑园间 1724 公里 461 米处，穿越十里山二号隧道时因钢轨折断，造成机车后六、七两油罐车厢脱转颠覆，16 个油罐车厢在洞内起火。烈火燃烧了一昼夜，使陇海线天兰段中断行车 201 小时 56 分，3 名押运人员死亡，报废货车 23 辆，隧道裂损 179 米，损坏线路 763 米，直接经济损失 240 万元。事故的直接原因是因钢轨疲劳损伤，没有及时更换造成的。

案例五：1987 年美国斯普罗乌尔隧道火灾

1987 年 11 月 5 日 12 时 50 分，运行通过斯普罗乌尔隧道（位于西弗吉尼亚州）的一列列车车长通报距隧道入口处不远的树林中发现不大的火灾。20 分钟以后，同方向运行的另一列列车也通报在隧道的东部有火灾。很显然，空气流随着行驶通过的列车，形成了强大的风力，燃烧的树叶叶片卷入隧道引燃了隧道的木护板。救援消防队在 40 分钟以后到达事故现场，但已不可能扑灭火灾。火焰已从隧道入口的两侧蔓延，形成了浓密的烟幕。火势已经失去控制，最不得已的办法是让隧道内的所有可燃物再燃烧一些时候，到最后自行熄灭。

三、乘坐客运列车和地铁时发生火灾的逃生

乘客发现火情后，应第一时间报警，并采取一切可能的措施将其扑灭。如果初起火灾扑救失败，按照工作人员的指挥有序逃生。

当地铁站部位发生火灾时，烟雾会沿着通道蔓延。当地铁车厢发生火灾时，烟雾会沿着车厢向着火点两方蔓延。

1．如果发生火灾事故，绝不能盲目乱跑，要按照疏散指示标志，听从工作人员的指挥和引导疏散逃生。

2．如果乘客在起火点的周围，要以最快的速度，选择距地面最近的安全出口逃生。

3．如果乘客所处的位置在起火点较远的地方，不要向起火点方向靠近，要在车站工作人员的指挥下，向火势蔓延的相反方向沿着疏散指示标志撤离。

4．撤离时应弯腰捂住口鼻，尽量压低身姿躲避浓烟和高温。

5．当列车在轨道上急停时，乘客应听从工作人员指引，手动打开车门，通过疏散平台有序撤离。

6．疏散过程中不要停留、不要逆行、不要贪恋财物。

第十章　森林草原火场逃生

温馨提醒：森林草原防火，人人有责，保护绿水青山，共建绿色家园，请一定严格遵守防火规定，严禁携带火种进入林区和草原。

烧烤　　野炊　　篝火

严格禁止在森林草原等保护区域内进行烧烤、野炊和点燃篝火

森林草原火灾突发性强，发展迅速，破坏性大，救援困难。大规模的森林草原火灾不仅会造成巨大的经济损失，还会严重破坏生态环境，甚至造成人员伤亡。

森林火灾对人身造成的伤害主要来自高温、浓烟和一氧化碳，容易造成热射中暑、烧伤、窒息或中毒。尤其是一氧化碳具有潜伏性，会降低人的精神敏锐度，中毒后不容易被察觉。

特别注意"干旱""大风""雷电"等特殊天气。这种自然天气状况下，森林草原火灾的发生概率高，此时进入森林草原应多加小心。

一、遭遇森林草原火灾怎么办？

（一）发生森林草原火灾要立即报警

保持清醒头脑，及时拨打森林草原防火报警电话报告火警。及时报警也有利于让外界知道你的位置和处境，便于救援或指导自救。

（二）积极自救逃生

迅速脱离危险区域是首要目的。

1.突围逃生

就近选择暂时无火或可燃植被较小、较少、火焰低的地方，用衣服包住头，憋住一口气，冲出火区突围逃生。

注意：一定不能顺风逃生。

2.寻找并快速进入安全区域

就近进入火烧迹地、树和草等植被矮小、火焰较低的地方。

（三）防护避险

1.利用水沟、水塘、河流避险

如果附近有水沟、水塘、河流，可跳入水中避险。

2.开辟安全区域避险

若被大火围困已无退路时，可将周围的草割掉，形成避灾隔离带避险。

二、森林草原火灾逃生方法

1．一旦发现自己身处森林草原着火区域，应当使用沾湿的毛巾遮住口鼻，附近有水的话最好把身上的衣服浸湿，这样就多了一层保护。然后要判明火势大小、燃烧的方向，应当逆风逃生，切不可顺风逃生。

2.在森林草原中遭遇火灾时一定要密切注意风向的变化，如果突然感觉到无风的时候更不能麻痹大意，因为这时往往意味着风向将会发生变化或者逆转，一旦逃避不及，极易造成伤亡。

3.当烟火袭来时，用湿毛巾或湿衣服捂住口鼻迅速躲避。躲避不及时，应选在附近没有可燃物的平地卧地避烟。

注意：切切不可选择低洼地或坑、洞，因为低洼地和坑、洞容易沉积烟尘。

4.如果被大火包围在半山腰时，要快速向山下跑，切忌往山上跑。

一般燃烧的发展趋势遵循三条规律，分别是自下而上、顺风而疾和沿着可燃物扩散。

三、被大火围困怎么办?

突遇大火围困或扑火队伍因风向突变等情况陷入大火包围的情况下,人的生命是第一位的。

(一)有依托地势的点火解围

主要适用于火势迅猛,人为无法扑打的草塘火、急进地表火、树冠火等,在火场周围有小溪、小河、道路等自然依托的情况下,点火后避到河流等解围。

(二)无依托地势的点火解围

主要适用于火势迅猛的草塘火、急进地表火、树冠火和植被繁茂的下山火,在没有天然依托的情况下进行的点火解围。

在点烧的过程中,灭火人员要迅速跟进火烧迹地,并用手扒出地下湿土,脸贴湿土或用湿毛巾捂住口鼻进行避火。

（三）进入火烧迹地

主要用于人为无法扑救，时间不允许的强劲地表火、树冠火等情况下强行冲越火线进行解围。

此时点火或其他条件都已经不具备，作为指战员切忌要求部队顺风逃跑避火，而是要果断选择已经过火或杂草稀疏、地形平坦的地段，要求扑火队员用衣服蒙住头部，快速逆风强行冲越火线，进入火烧迹地。

（四）利用地形避险

利用植被稀少的山脊、山石裸露的疏林地和植被稀少的开阔地带等可以依靠的地形条件进行避险。

四、顺风而逃不可取

在森林草原火灾逃生方法中，最不可取的就是在逃生中一直顺风而逃，这相当于是人与大火赛跑，危险性极大。

俗话说：火灾中，顺风而逃，死路一条。

第一，人能跑多快？火借风势，风助火力，速度惊人。

第二，人力有尽时。只要有燃烧物，火会一直不停。

比较可取的方法是，选择草木较少、火势较小的位置，用衣服等防护住自己的头，憋住一口气，迎着火势猛冲突围。一旦冲过那条窄窄的火线，就安全了。